有毒生物潜藏在世界各地人们的家中和城市里。
此处介绍的是在本书中所提到的各种有毒生物的主要栖息地。

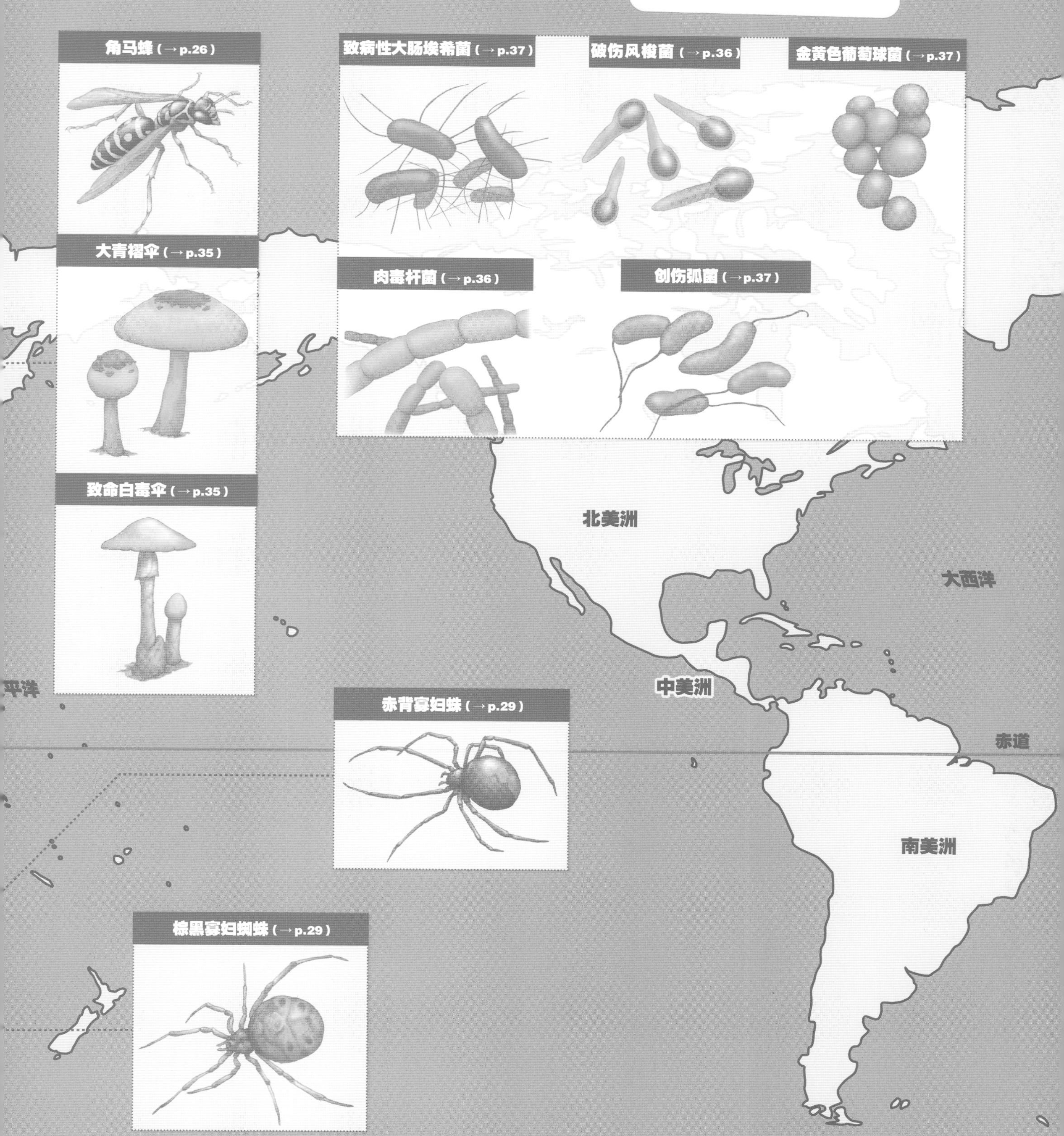

当心！

奇趣动物小百科

我们身边的有毒动物

（日）今泉忠明 著

王 丹 译

辽宁科学技术出版社

·沈阳·

前言

我们身边的有毒生物

毒蜂、蜘蛛和蝎子

在我们的家中和城市中潜藏着各种各样的有毒动物。比如带有剧毒的金环胡蜂，会在屋檐下筑巢。而赤背寡妇蛛和棕黑寡妇蜘蛛是外来物种，是随着货物贸易来到国内的。

在澳大利亚和巴西，带有剧毒的节肢动物蝎子有时会进入家中。有时人们会被藏在皮包和鞋子里的蝎子刺伤。

有毒的真菌和细菌

你见过公园中树下长出的蘑菇吗？其中有一些是有毒的，如果有人吃了这种蘑菇，那么就会中毒或者麻痹。蘑菇和霉菌一样同属于真菌，真菌的细胞中有细胞核和核膜，由于是不用显微镜就无法观察到的小小的单细胞，所以在长到像蘑菇那么大的多细胞生物时就会有不同的形状和大小。

细菌也是人类肉眼看不到的微小生物。细菌的体型要比真菌还要小，为0.5~5μm（微米）。细菌是单细胞生物，没有包裹细胞核的核膜。

真菌和细菌都可以使物品腐烂，让食物发酵，产生致病的毒素。

真菌、细菌的细胞构造

首先，我们来看看真菌和细菌的细胞构造。真菌和细菌的毒素是在细胞内产生的，这些毒素会移到细胞壁外产生作用。

真菌的细胞构造

有着和动物、植物细胞相同的构造。
另外，还带有和植物相同的细胞壁和液泡。

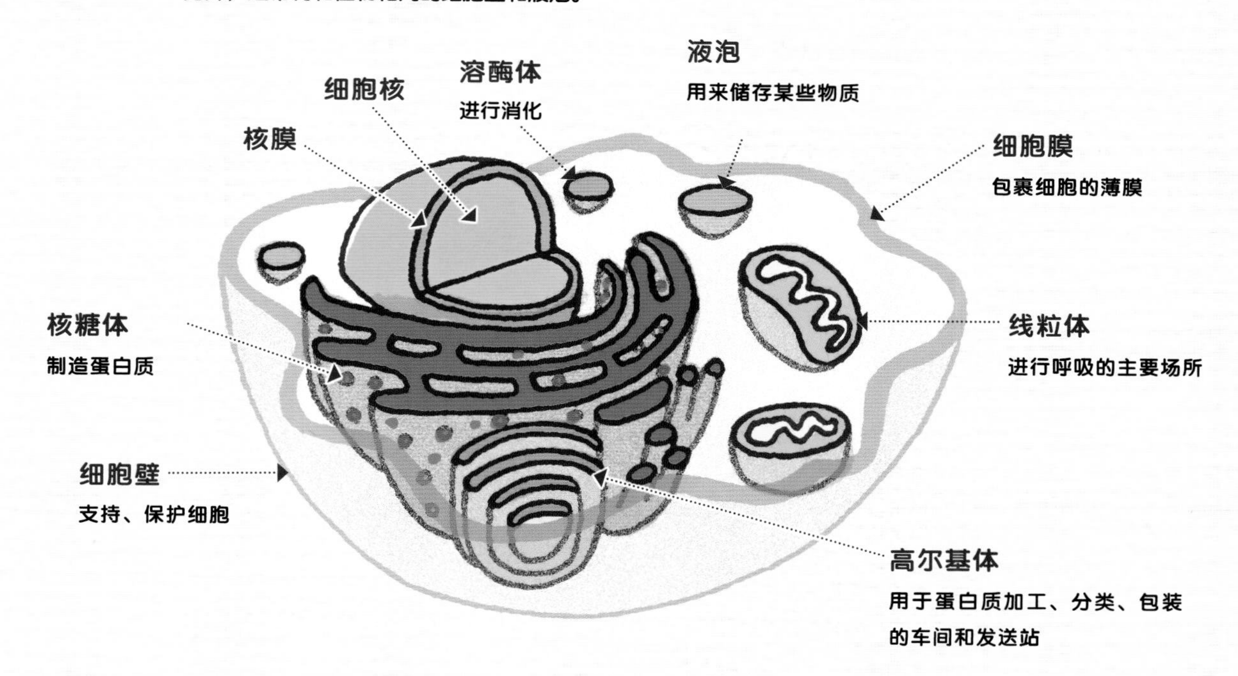

细菌的细胞构造

细菌的细胞和动物的细胞一样有细胞膜和细胞质，但是没有核膜包被的细胞核。另外，细菌的细胞和植物的细胞一样有细胞壁。

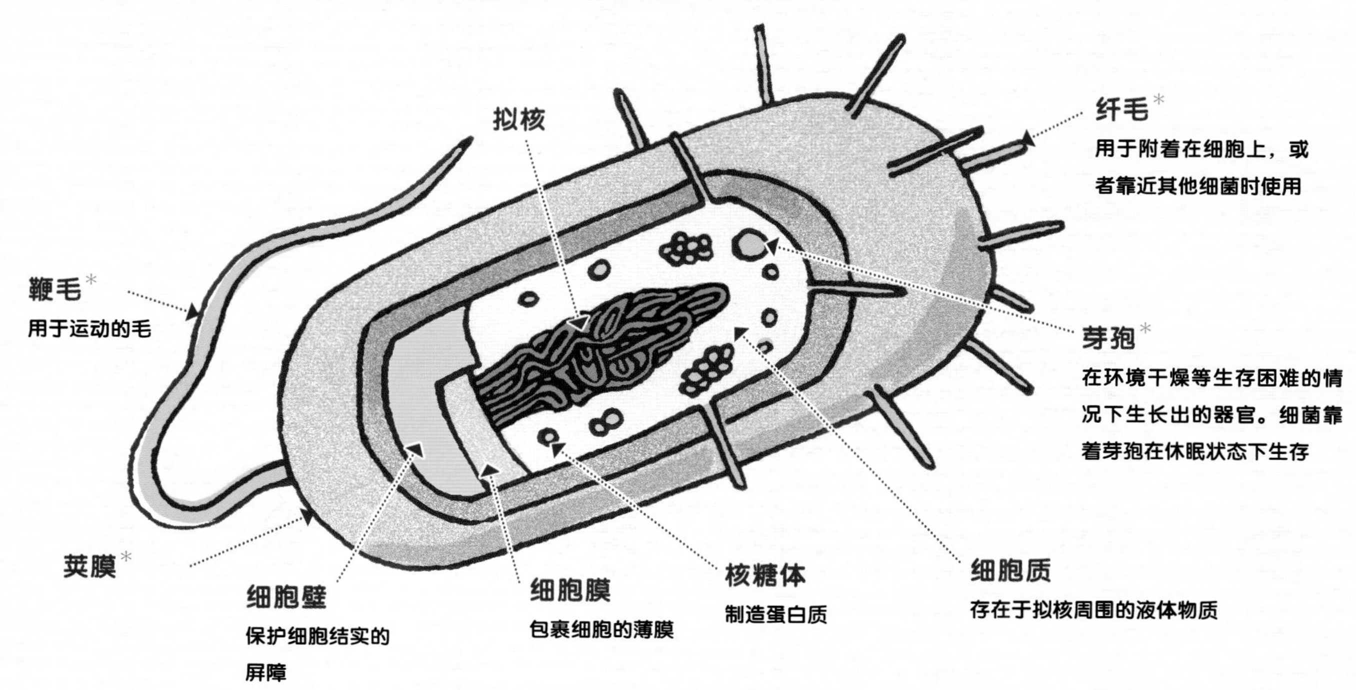

（真菌和细菌的截面示意图。因细菌的颜色尚且未知，插图的颜色为想象颜色。）

*有些种类的细菌没有鞭毛、荚膜、纤毛和芽孢结构。

目录

第 3 章　有毒生物大集合

了解各种有毒生物。

第3章“有毒动物大集合”的阅读方法

插图

有毒生物的样子。

名称

有毒生物的名字。

学名

专业领域中，国际通用的名称。

说明

介绍有毒生物的特征。

毒素的分类

☠（剧毒）表示能对人类产生巨大的危害，有时会导致人类死亡。

⚠（有毒）表示会造成人类疼痛或瘙痒。

毒素种类

表示毒素生效的方式。

武器

表示输出毒素的部位。

毒素用途

表示因为什么而使用毒素。

分类

表示生物的分类。“目”和“科”是用来划分的单位。

分布

表示主要的栖息地和环境。

全长/体长/株高/伞径（cm）/细胞大小（μm）

表示身体大小。全长是指从嘴巴的最前端到尾巴的最末端（或者是身体的最末端）的长度。体长是指全长减去尾巴的长度。株高为从土地表面到嫩芽的高度。伞径是蘑菇伞部的直径。细胞大小数据采用平均大小。

潜藏在住宅周围的有毒动物

生活在住宅周围的有毒动物有时会进入住宅中。

家中惊现有毒动物!

住宅周围的有毒动物从春季到秋季一直活跃。夏季，带有剧毒的金环胡蜂会从家中的窗户进入房间。在庭院和排水沟等地方生活的棕黑寡妇蜘蛛和赤背寡妇蛛都是带有剧毒的，这些蜘蛛

（注：插图中的生物的相关信息会在第3章进行详细说明。）

这里有金环胡蜂、棕黑寡妇蜘蛛、赤背寡妇蛛和日本红螯蛛哦！找找看，在本书的哪一页还能再见到它们？那里会有关于它们的详细介绍噢！

有可能会从住宅的窗户和墙壁的缝隙等地方进入家中。另外，喜欢在植物叶子上筑巢的日本红螯蛛会被风吹飞，随着人携带的物品和穿着的衣服进入房间。

澳洲大陆一年之中雨水很少，非常干燥。正因如此，沙漠、荒原和草原占据了大陆整体面积的2/3左右。大陆东南部的悉尼和墨尔本都是繁华的大都市，即便如此，还是会有有毒的蛇和蜘蛛潜藏在城市的住宅之中。

澳大利亚东部棕蛇捕食栖息在草原上的小型

动物。这种蛇在追捕猎物的时候会靠近人类居住的房屋，从门的缝隙进入家中。另外，澳洲沙漠蝎和悉尼漏斗网蜘蛛也会随着皮包、行李等潜入住宅之中。有毒动物一旦进入家中会非常麻烦。因为它们会潜伏在书架或者壁橱中，也许还会藏在鞋子里，藏身之所非常多。

潜藏在城市里的有毒动物

繁华的都市中，也住着有毒的昆虫。

这里有角马蜂、赤松毛虫的幼虫和茶树折带黄毒蛾哦！

公园中也许会有有毒动物出没！

有毒动物不仅仅生活在山中和海边，城市之中也会有它们的身影。在种满绿植的公园中，有毒的蜂和蛾会在春季到秋季之间频繁活动。角马蜂会在春夏季节筑巢，在巢中产卵，集体孕育下一代。当人类接近蜂巢时，为了守护蜂巢，角马蜂会用毒针进行戳刺攻击。在红松和黑松等松树的叶子上会有赤松毛虫的幼虫。另外，樱花树、梅花树、橡树和栎树等树上也有可能会出现茶树折带黄毒蛾。它的成虫的腹部顶端带有大约0.1mm的毒针，这个毒针一旦刺穿人的皮肤，就会引起皮肤瘙痒等症状。

这里有巴西流浪蜘蛛、巴西金幽灵和糙尾耳孔蚣哦！

在南美大陆的城市中，生活着各种各样的有毒动物。比如巴西，它位于南美大陆的中央地带，靠近大西洋，北部流淌着亚马孙河。赤道贯穿巴西的大部分地区，全年温度都很高，年降水量较多。巴西沿海一带多为都市，公园、空地以及路面下的排水沟都可能藏着带有剧毒的巴西流浪蜘蛛和名为巴西金幽灵的蝎子。如果人被这种蝎子刺中，有可能会死亡。另外，在倒伏的树木阴影处等一些黑暗潮湿的地方，可能会藏有糙尾耳孔蚣，它们有时会进入家中。

一起来看看有毒动物的武器！

蜈蚣、蜘蛛和蛇这类有毒动物为了将毒素注入猎物体内，将尖牙作为武器。

用尖牙输送毒素的有毒动物

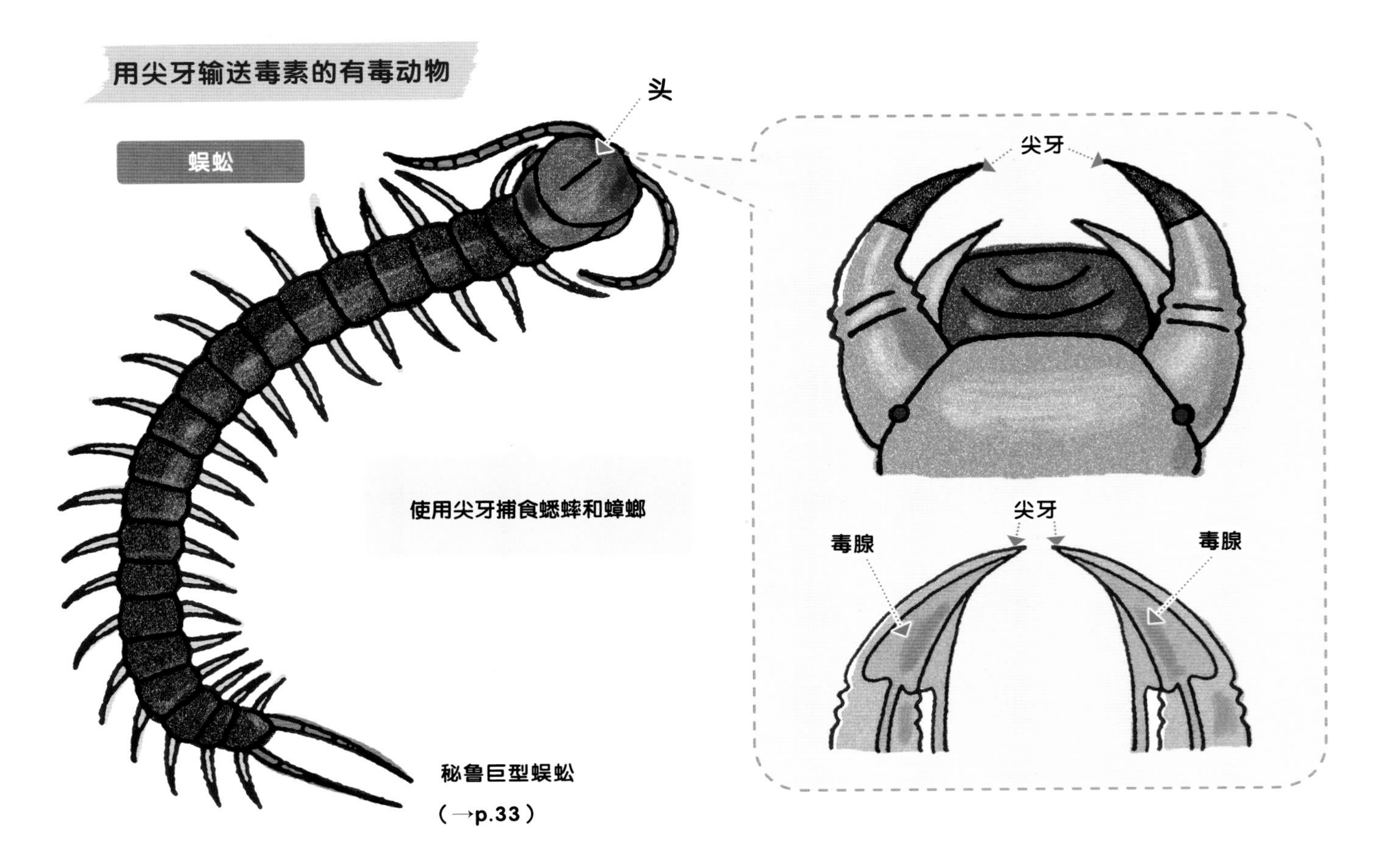

尖牙是武器！

有毒动物为了捕食猎物，进行防御，会从身体中分泌毒素。毒蝎子会用尾部尖端的毒针刺中对方，然后注入毒素。而蜈蚣和蜘蛛则会咬住对方，通过尖牙中的管输送毒素，它们的毒素本来是为了捕食而分泌的唾液，由被称为毒腺的器官制造出来。

毒腺由生产毒素的细胞（毒胞）组成。这些毒素会对生物体内的神经产生阻碍作用，有麻痹

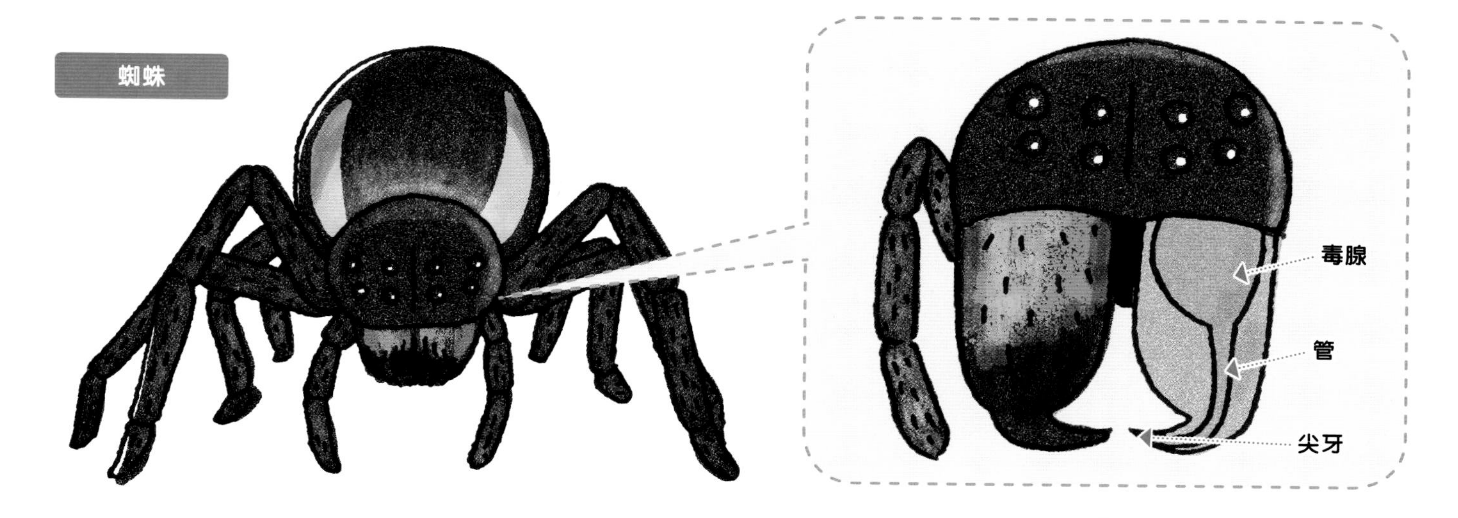

巴西流浪蜘蛛生活在美洲中部和南美洲的热带。体长13~15cm，有剧毒。

能够输送毒素的尖牙十分坚硬，可以刺穿昆虫的外壳。

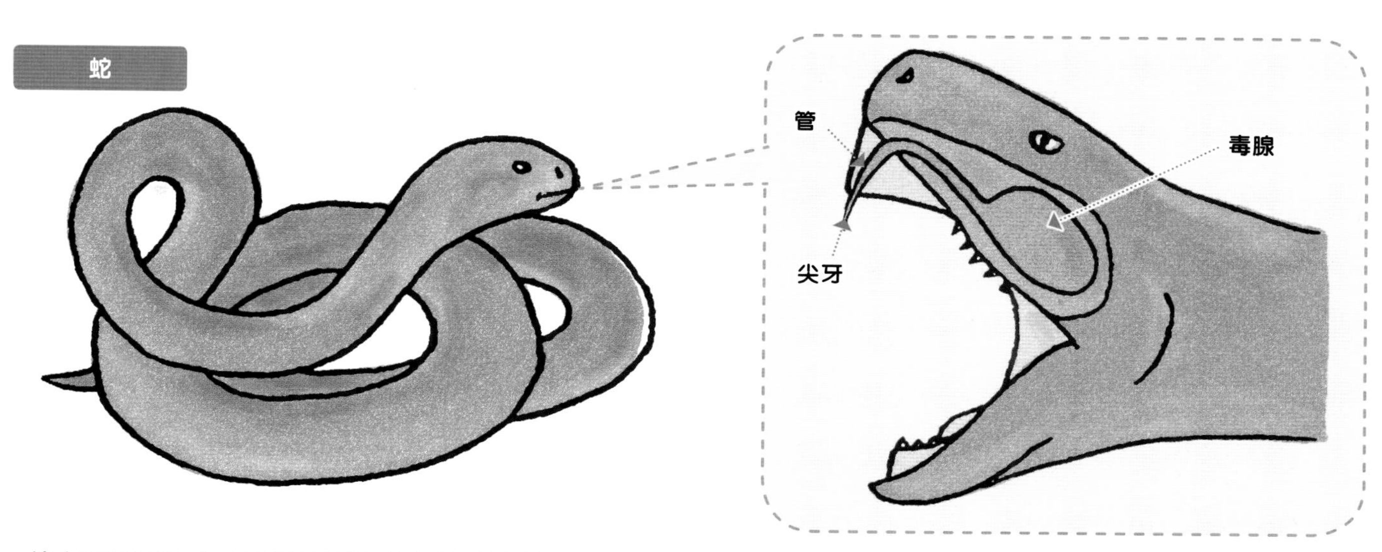

澳大利亚东部棕蛇生活在澳大利亚的东部。体长约100cm。昼行性动物，以青蛙、老鼠和鸟类为食。

嘴巴一旦张开，本来隐藏的尖牙就会直立起来。

肌肉的效果，称为神经毒素。一旦被咬，猎物的神经系统就无法正常工作，会产生呼吸停止或者心脏停跳等反应，从而导致死亡。

这时，有毒动物就可以将已经无法动弹的猎物慢慢地吞下去。

有毒动物的用毒“绝招”

有毒动物为了生存下来,使用了各种各样的“绝招”。金环胡蜂会集体守护巢穴。

集体守护巢穴的金环胡蜂

❶ 当人距离巢穴10m以内时，金环胡蜂会集结起来，在人的周围飞舞，以示警告。在其腹部尖端针尖处准备着随时释放毒素。

❷ 如果一个人同时被很多只蜂袭击，会有大量毒素输入体内，此时就会很危险。

集结同伴，守护家园

金环胡蜂和马蜂都是群居生活的，集体守护巢穴。当人接近金环胡蜂的巢穴时，雌性工蜂会不停飞舞发出“不准靠近”的警告。如果发出警告后人依旧靠近的话，它们会用下颚发出“咔咔”的声音继续恐吓。一旦人再靠近，它们就会用腹部尖端的毒针释放毒素。这种毒素含有向同类传递信息的化学物质（信息素）。同伴们闻到毒素的气味就会聚集起来，对人进行攻击，用尖锐的毒针刺入人体并释放毒素。蜂针本来是雌性工蜂的产卵管，能够将树干等物体打开一个孔，然后在孔中产卵。毒针由产卵管进化而来。所以说，只有蜂后和雌性工蜂才带有毒素。毒素由毒

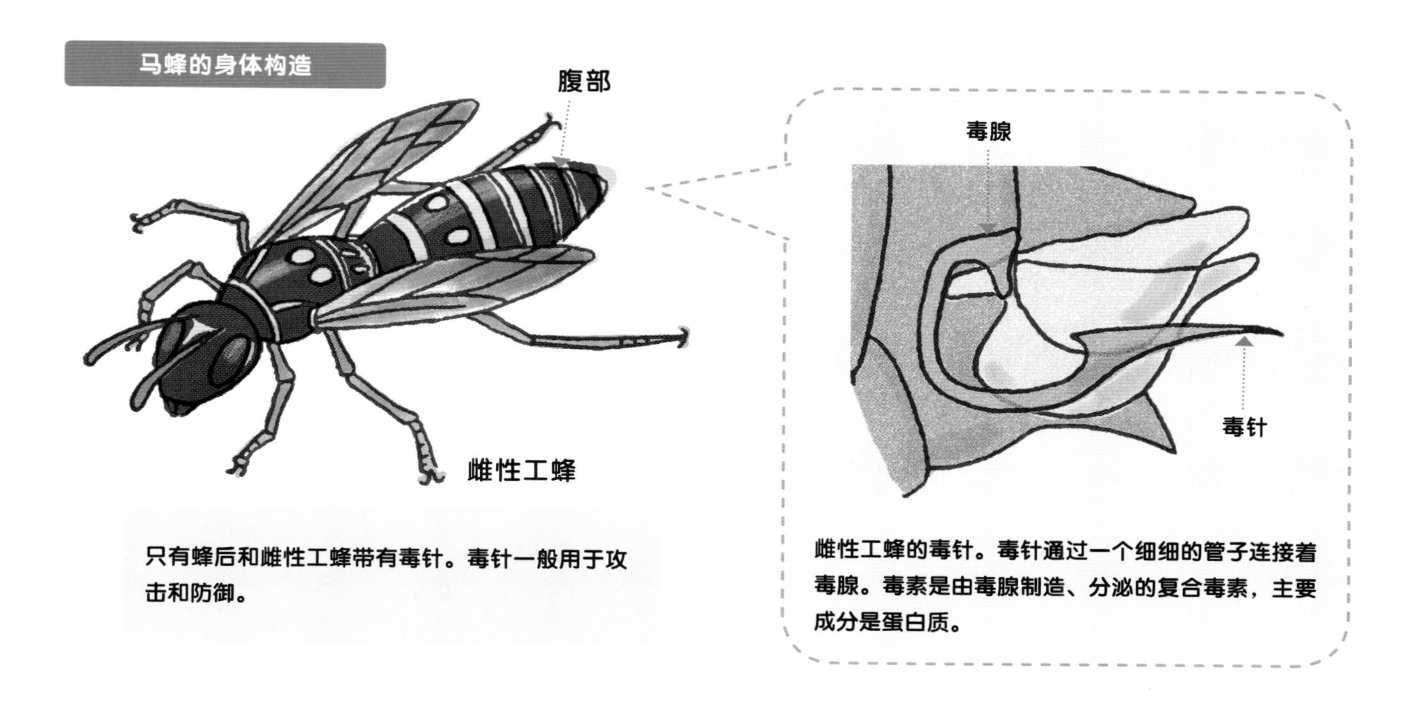

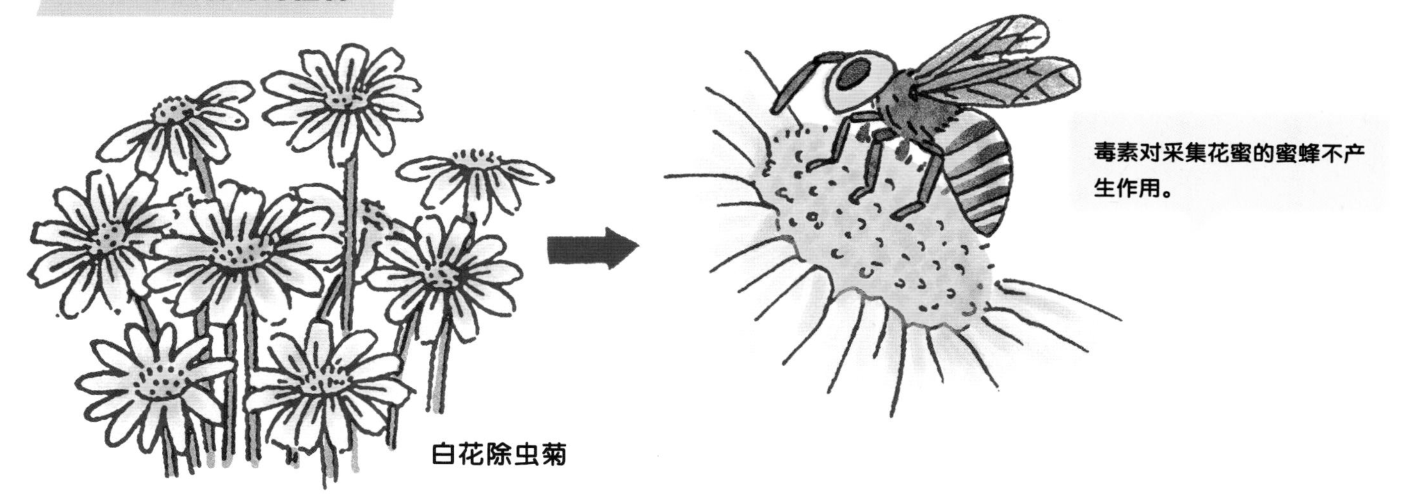

腺制造出来，一只蜂每天只能制造少量的毒素，然后储存起来。

植物中，白花除虫菊（→p.34）可以熟练地使用毒素。据说这种花中含有的毒素可以驱逐为了想要吃掉花朵而来的甲虫。但是，对于来采集花蜜的蜜蜂就不会有这种作用。蜜蜂会将花粉带到雌蕊的顶部（柱头）完成授粉，这样就可以结出果实。白花除虫菊为了让蜜蜂等动物为自己运送花粉而准备了花蜜。花蜜在雌蕊和雄蕊的深处，蜜蜂为了舔食花蜜就会将花粉沾在身上。蜜蜂被赋予了运送花粉的使命。

中毒后，身体的反应是什么样的

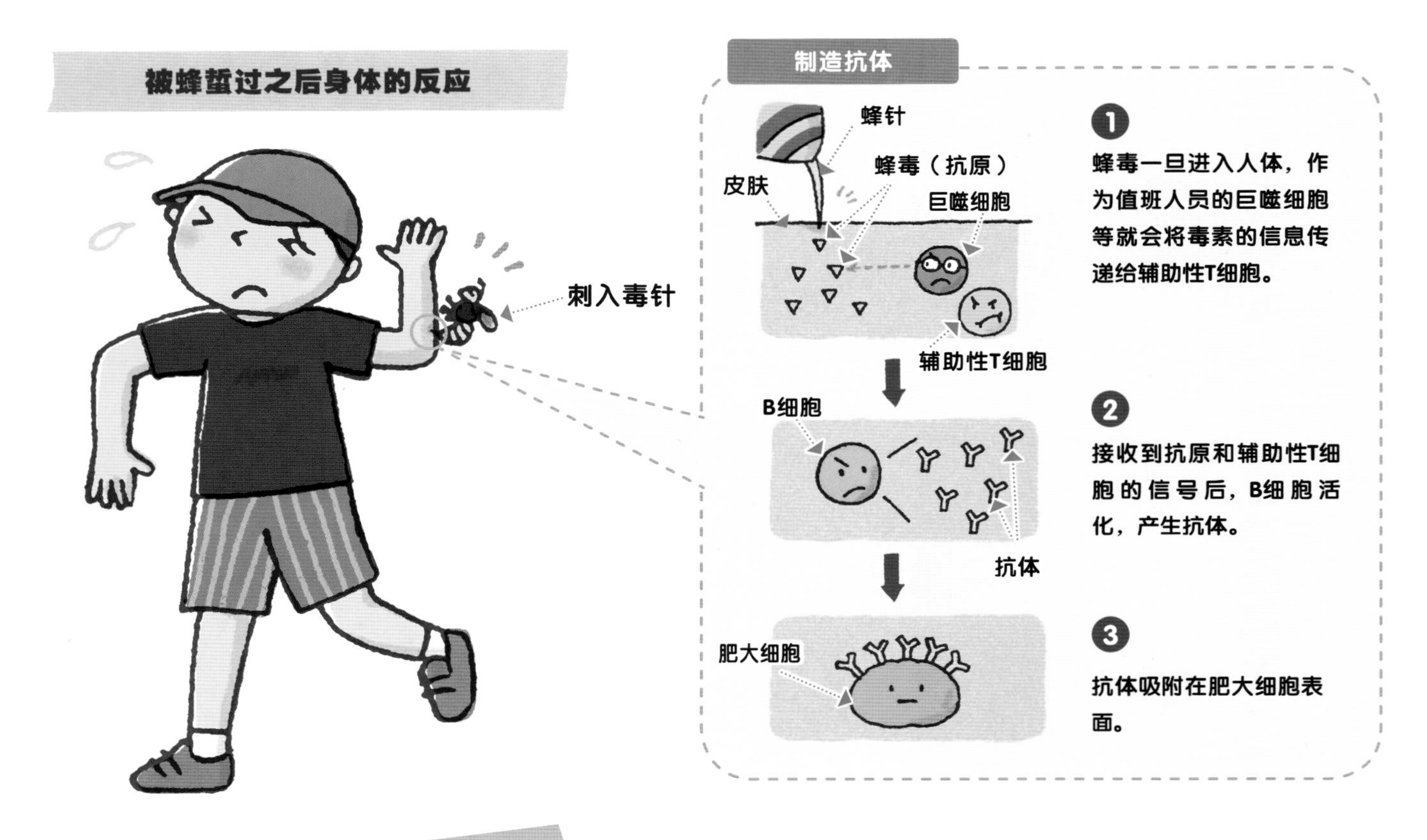

中毒引起的过敏性休克

人被蜂蜇过后，毒素会通过皮肤进入人体。此时，神经会最先察觉，并将疼痛和瘙痒的感觉传递给大脑。同时，在毒素进入人体的时候，体内就会开始制造抗体，此时就开始了对抗毒素的免疫过程。比如说，金环胡蜂的毒素进入人体后，一种叫作巨噬细胞的白细胞就会向一种叫作辅助性T细胞的细胞传递“毒素（抗原）入侵了”的信息。接收到抗原和辅助性T细胞的信号后，B细胞活化，产生抗体。大量的抗体会附着在一种叫作肥大细胞的细胞膜上。抗体会一直在体内来清除作为异物存在的毒素。

但是，这个免疫的过程有时会对人体造成伤

再次被蜂蜇到后身体的反应

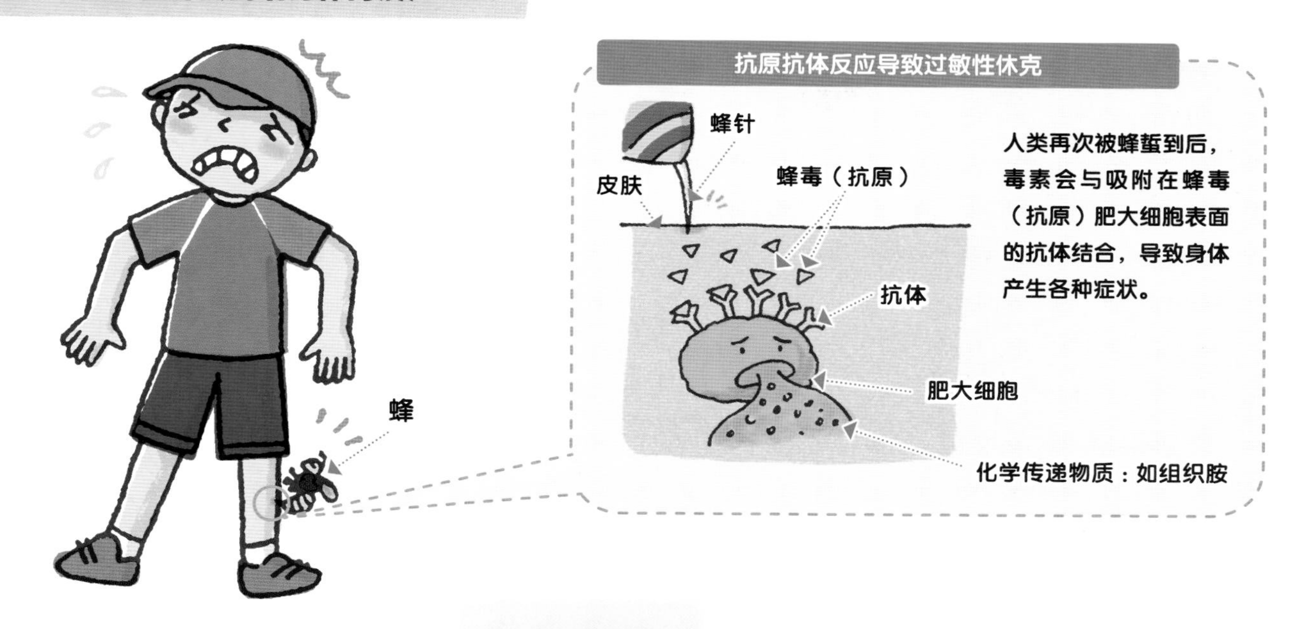

各种症状接连出现。

过敏性反应的症状

出现荨麻疹和皮肤红肿以及瘙痒。

腹部疼痛并且产生呕吐。

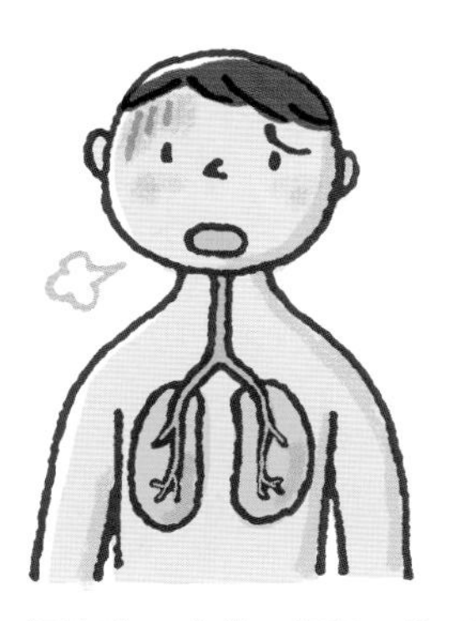

打喷嚏、咳嗽，慢慢开始呼吸困难。

血压上升，失去意识，甚至有致死危险。

害，在防御的时候反而会产生反作用。这就是当再次进入人体时毒素与抗体结合产生的抗原抗体反应。当蜂的毒素（抗原）再次进入人体时，化学传递物质便会从肥大细胞中释放出来。而这种反应会引发各种过敏，多种过敏反应在短时间内在全身出现，会引发过敏性休克。在被金环胡蜂、角马蜂以及蜜蜂等多次刺中时，很有可能引发过敏性休克，严重时也可能在一小时内死亡，所以需要特别注意。

遇见有毒动物不要慌

在遇见寡妇蜘蛛一类的蜘蛛时，一定不要触碰。在户外时，着装上尽量选择不容易被蜂和毛虫刺的衣服。

在家中发现毒蜂时

去公园时尽量穿不容易被蜂和毛虫刺穿的衣服

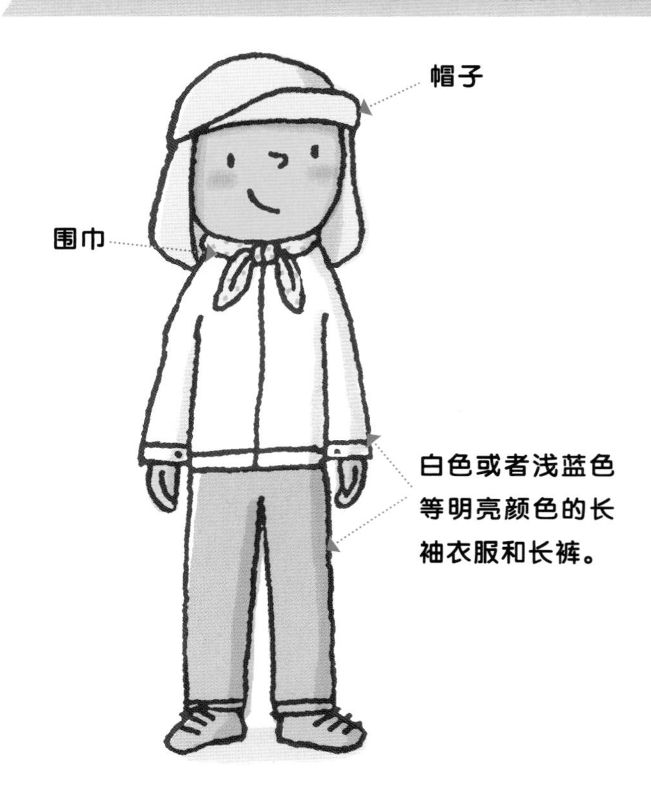

服装和处理方法

住宅和城市中有可能会遇到赤背寡妇蛛、棕黑寡妇蜘蛛等蜘蛛，这时不要去触碰它们。如果在家中发现了毒蜂，要将窗户打开，让毒蜂飞到屋外。由于蜂类有向光性，所以最好将室内的灯关掉。

在公园行走的时候要戴好帽子，在脖子上围上围巾，这样，即使从树上掉下毛毛虫也不会蜇伤脖子或者进入衣服里面。另外，穿着白色或者浅蓝色等颜色明亮的服装，被刺中的危险就会变小。因为如果穿着黑色衣服，蜂类会觉得你是敌人，比较容易攻击你。

当蜂类在你附近飞舞的时候，一定要静静站

如果被蜂类刺中

❶ 远离蜂巢，用清水冲洗被刺中的地方。

❷ 如果发生过敏性休克，要第一时间呼叫救护车。让病人面部朝上躺下，并将脚部垫高。

❸ 可以将随身携带的肾上腺素自动注射器刺入大腿。将安全盖打开，垂直刺入大腿，里面的药物会自动进入体内。

着不要动。蜂类只会观察人类的样子，如果没有发觉有危害，基本不会进行攻击。用手驱赶飞来的蜂类是非常危险的，因为它们会招来同伴。要在更多蜂类飞来之前就快速离开现场。如果被刺中了，可以用清水进行冲洗。一旦发生过敏性休克，要呼叫救护车，及时到医院进行治疗。在等待救护车来的时间里，可以将人放置在避开蜂类的地方，将双脚稍稍抬起，面部向上躺好休息。可以在大腿位置使用肾上腺素自动注射器，这样可以在短时间内控制症状的恶化。

有毒的真菌和细菌

有毒的生物不仅仅只有动物和植物。有些真菌和细菌也带有强力毒素。

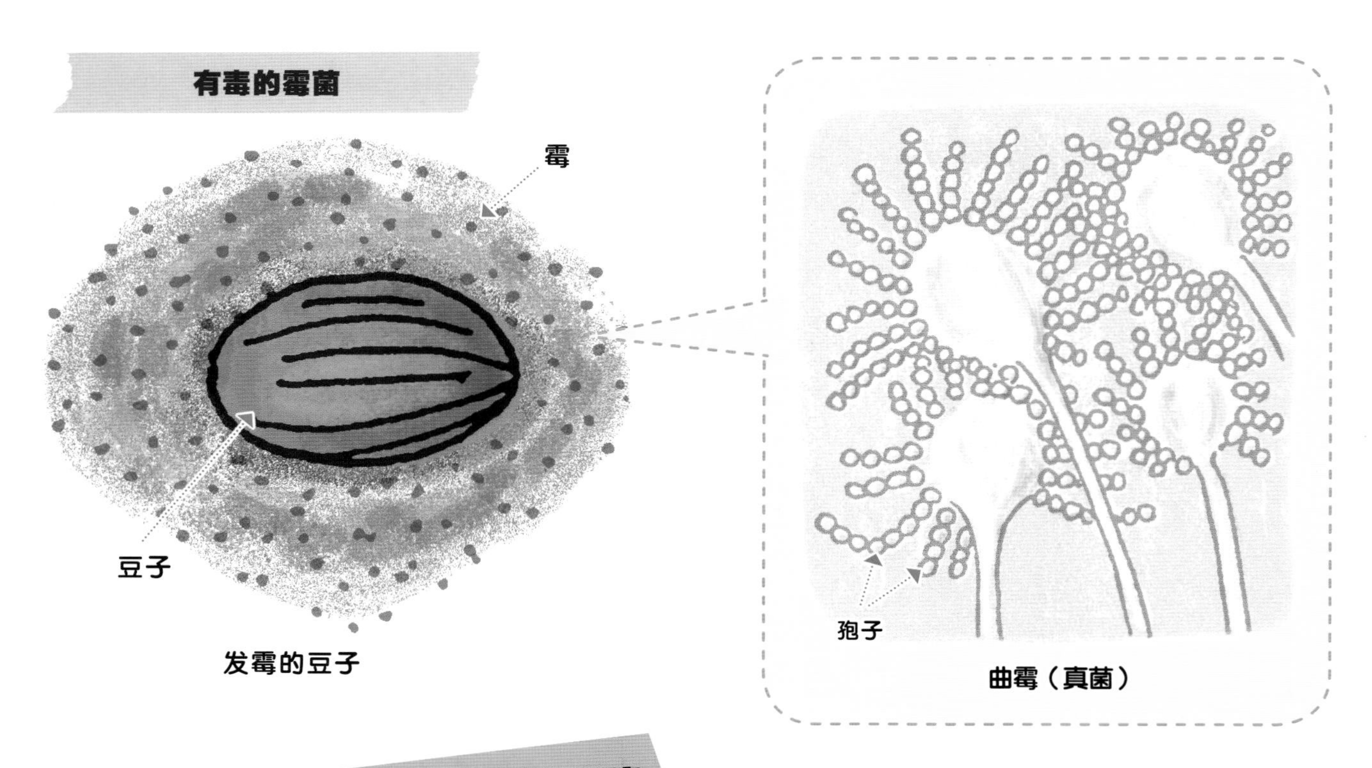

发霉的豆子

曲霉（真菌）

带有强力毒素的霉菌、细菌

霉菌是由孢子发育而来的。孢子平时飘浮在空气中，一旦沾到可以提供营养的东西上，并且各种条件都满足的话，就会抽出菌丝了，菌丝会分泌出一种叫作酵素的蛋白质。酵素的功效就是将物质溶解并从里面提取营养成分，然后再生出孢子，释放到空气中四处传播。霉菌吸收营养之后会排泄废物，这些排泄物（分泌物）可以让食物腐烂，并且散发出难闻的气味。霉菌的排泄物中，有对人体有害的毒素。其中有一种叫作曲霉，会制造并释放出黄曲霉毒素。如果人类食用了含有这种毒素的食物，就会因为食物中毒而死亡。另外，黄曲霉毒素也是高致癌物质。

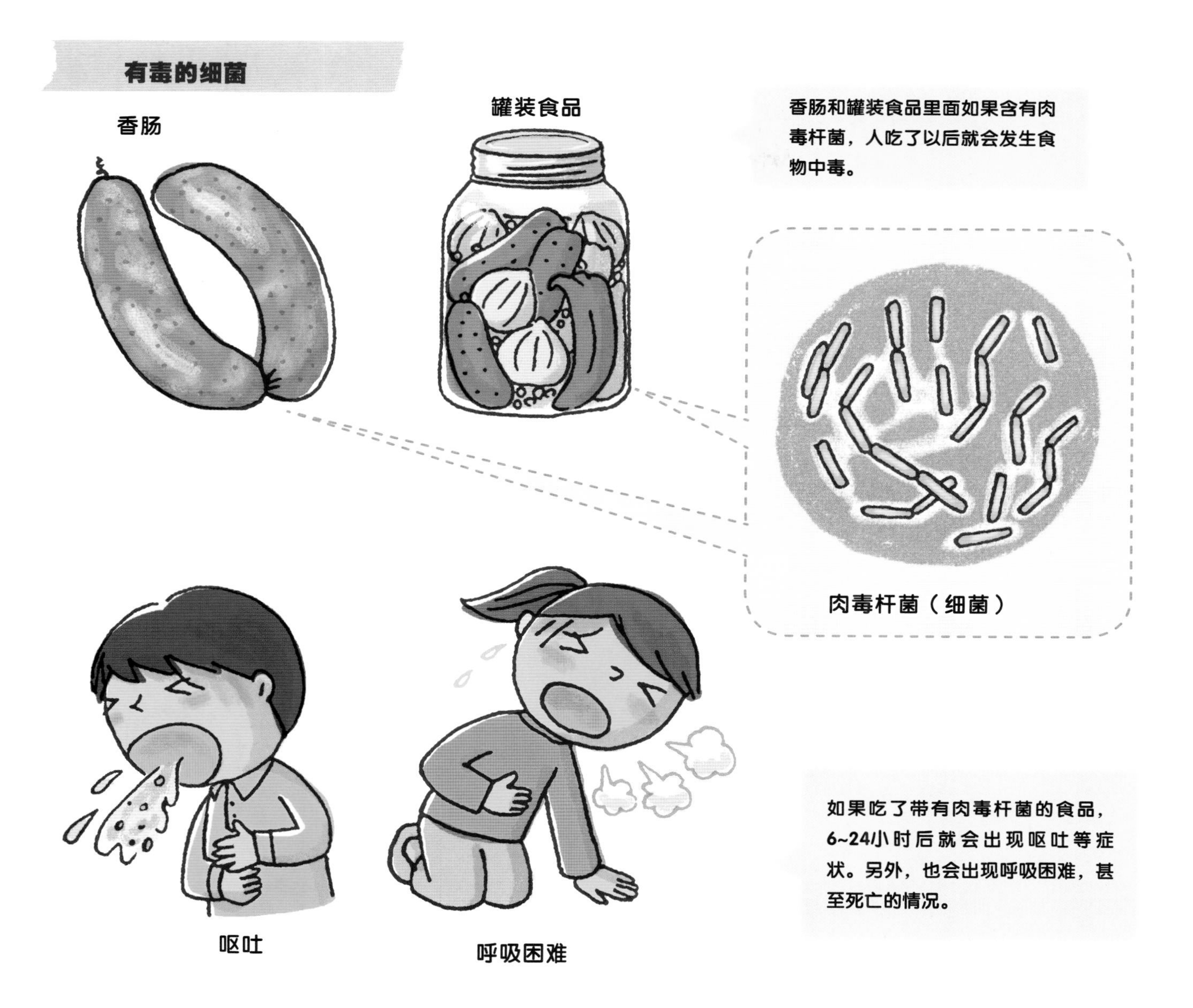

细菌比霉菌更微小，但毒性更强。在泥土、河流、海洋和动物的体内都有细菌存在，它们靠细胞分裂进行增殖。进入人体后，会进入细胞中，然后分泌排泄物，也就是毒素。毒素的主要成分是蛋白质。

会分泌毒素的细菌有肉毒杆菌（→p.36）、破伤风梭菌（→p.36）、金黄色葡萄球菌（→p.37）、致病性大肠埃希菌（→p.37）、沙门菌、霍乱弧菌、赤痢菌、结核菌等。这些菌中，肉毒杆菌可以分泌出自然界中最厉害的毒素，仅1g的量就可以毒死100万以上数量的人。如果食用了被肉毒杆菌分泌的毒素污染过的食品，就会发生食物中毒，而且死亡率比较高。近些年针对这种情况，人们使用抗血清治疗，取得一些进展，使死亡率下降了很多。

毒素是毒，也是药

一些真菌和细菌会引起食物中毒、癌症等疾病，但通过研究，人们发现可以利用它们来发酵食品和制造药品，这对人类的生活和健康起到了很大的帮助作用。

青霉菌的放大图

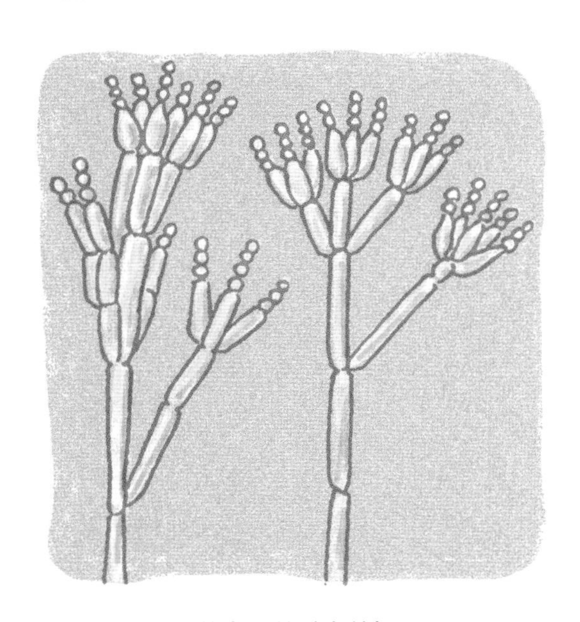

黄青霉菌（真菌）

青霉素消灭细菌的过程

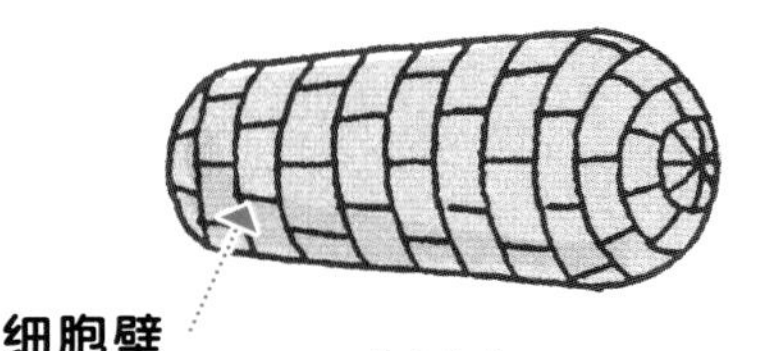

❶ 细菌的细胞有细胞壁。

❷ 青霉素会破坏细菌的细胞壁。

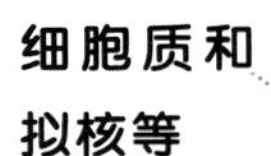
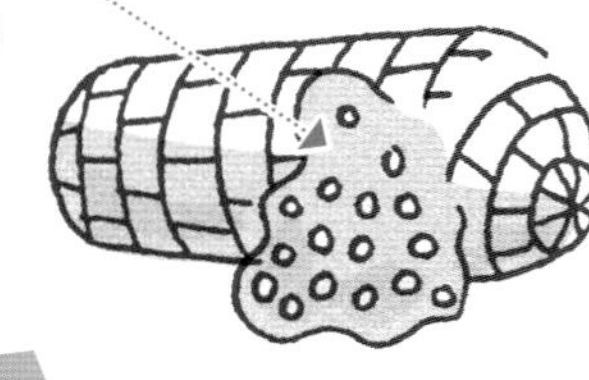

❸ 由于细胞壁被破坏，细胞就死亡了。

利用青霉菌制成奶制品和抗生素

真菌中的青霉菌，用含有牛奶成分的东西进行发酵，就变成了奶酪。另外，青霉菌还被制成了叫作青霉素的药物。青霉菌中的黄青霉菌可以防止葡萄球菌增殖。细菌在增殖的时候为了保持本身的形态会合成细胞壁，而青霉素会破坏别的细菌的细胞壁，这样，细菌便无法增殖，最终死亡。因为人类的细胞是没有细胞壁的，所以青霉素对人体是没有伤害的。像这样可以阻碍致病细菌生长的物质就被称为抗生素。青霉素最初就是用作治疗破伤风和结核病的抗生素，拯救了很多人的生命。

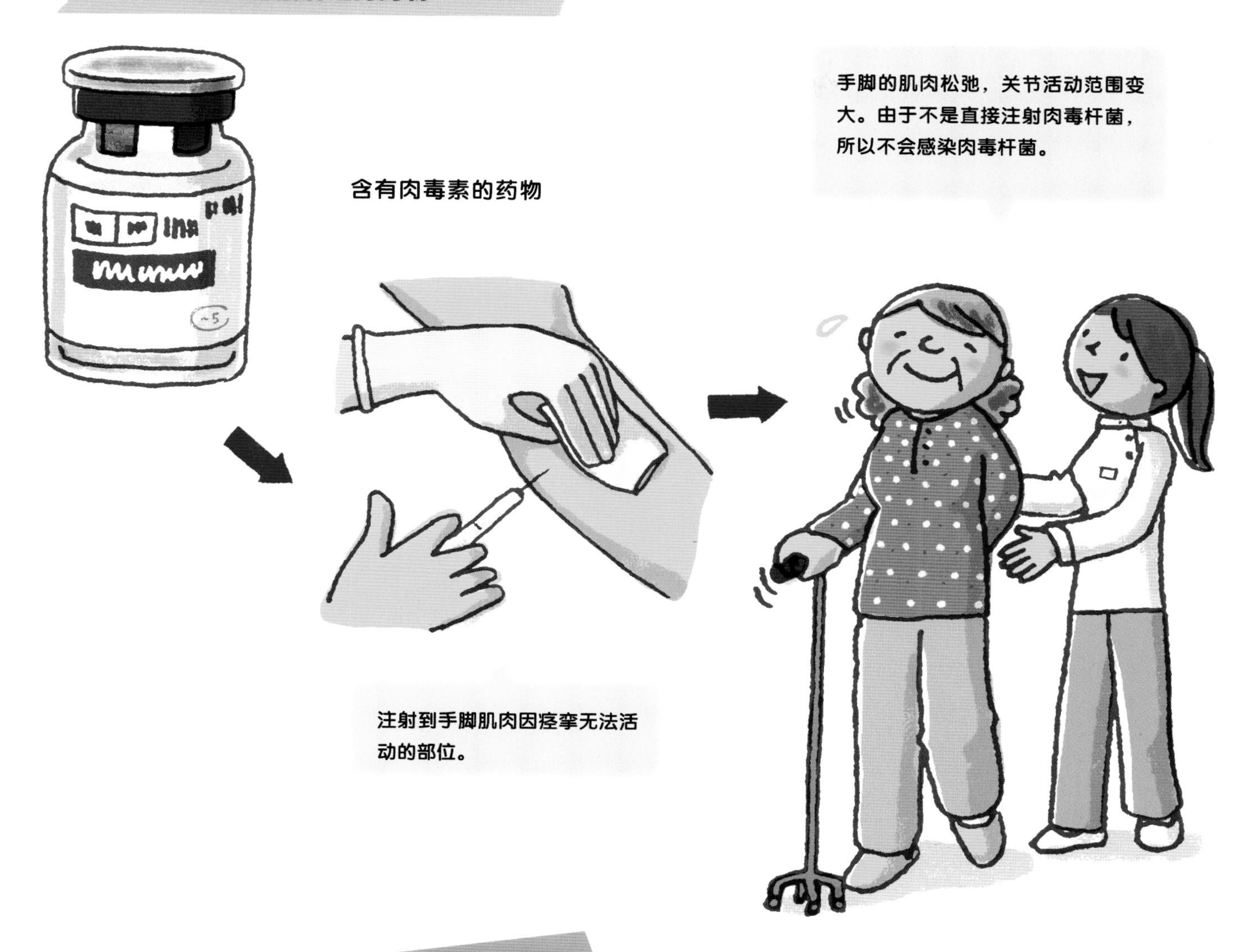

用肉毒杆菌的毒素制造的药物

肉毒杆菌（→p.36）分泌的肉毒素具有让肌肉松弛的功效。脑卒中（中风）患者，肌肉会不自觉收紧，也就是挛缩，这时患者无法活动。发生挛缩的时候，可以在僵硬的肌肉处注射用肉毒素制造的药物，这样手脚的肌肉就又可以活动了。药物作用在与挛缩相关的神经系统上，可以让紧张的肌肉松弛下来。除此之外，如果有眼皮下垂（眼睑痉挛）、面部肌肉抽搐（单侧脸痉挛）、面部歪曲等疾病也可以用此类药物进行治疗。

有毒的昆虫

◎有毒动物图鉴
◎动画科普课堂
◎意外伤害处理
◎纪录片推荐

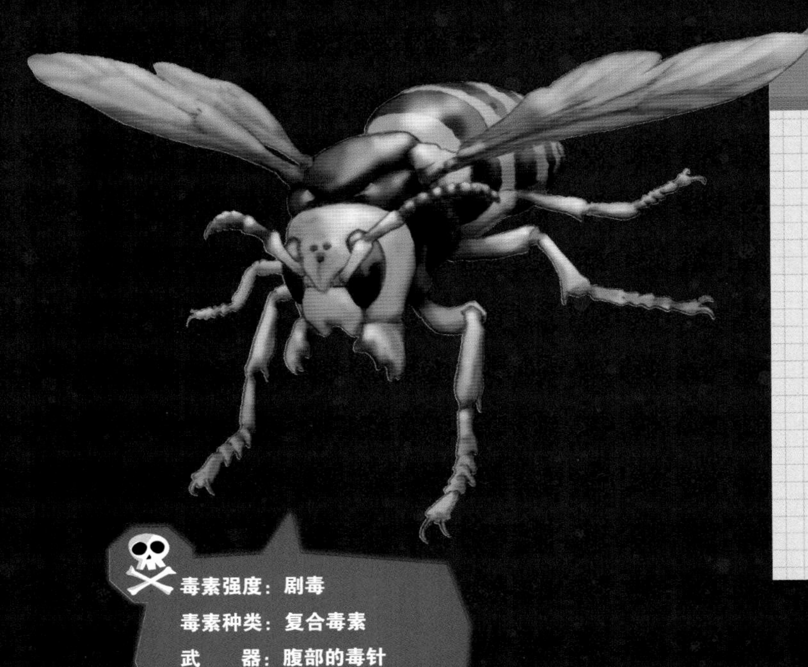

金环胡蜂

分类： 膜翅目胡蜂科

分布： 中国、印度、日本等地

体长： 1~4.4cm（工蜂）、约5cm（蜂王）

每年5月，结束越冬的蜂王开始独自在森林或房檐下建造蜂巢。到了6月蜂王会在蜂巢中产卵，孵化出工蜂。在工蜂的努力下蜂巢逐渐增大，并且变成圆筒形。9–10月，每个蜂巢中会有100~1000只金环胡蜂在积极地活动。金环胡蜂的蜂巢只在春夏秋三季使用，每年都会重新建造新的蜂巢。

毒素强度：剧毒
毒素种类：复合毒素
武　　器：腹部的毒针
毒素用途：防御、攻击

角马蜂

分类： 膜翅目胡蜂科

分布： 中国、日本等地

体长： 1.4~1.6cm（工蜂）、1.4~1.8cm（蜂王）

腹部长有两个圆形的图案。一般生活在不容易受阳光和雨水影响的树荫或者住宅的屋檐下以及墙壁上。越冬的蜂王在4月前后独自开始建造蜂巢。蜂巢由六角柱形状的小房间组成，蜂王会在各个小房间中产卵，初夏时节幼虫成长为成虫，成为工蜂。在工蜂的努力下，蜂巢会迅速增大，到了盛夏，蜂巢变得最大。

毒素强度：剧毒
毒素种类：复合毒素
武　　器：腹部的毒针
毒素用途：防御

（注：p.26—27蜜蜂都是工蜂。）

毒素强度：剧毒

毒素种类：复合毒素

武　　器：腹部的毒针

毒素用途：防御

意大利蜜蜂

分类：膜翅目蜜蜂科

分布：除南北极以外的全世界

体长：约1.5cm（工蜂）、1.7~1.9cm（蜂王）

工蜂和蜂王会聚集在一起越冬，当冬季结束后，蜂王开始产卵。等到温暖的季节，工蜂便将采集到的花蜜储存到蜂巢中，作为越冬的食物。天敌是胡蜂。蜜蜂一般不会蜇人，但在进行抵御时会用腹部的毒针刺向对方，一旦刺中，针便会脱落，蜜蜂就会死亡。

毒素强度：有毒

毒素种类：炎症毒素*

武　　器：背部的刺

毒素用途：防御

赤松毛虫

分类：鳞翅目枯叶蛾科

分布：中国、朝鲜、日本等地

体长：约7cm

幼虫的背部长有毒针，而成虫是没有毒性的。在10月左右孵化出幼虫，然后越冬，在6–7月化蛹。幼虫吃松树的叶子，会对院子和公园里的树造成伤害。

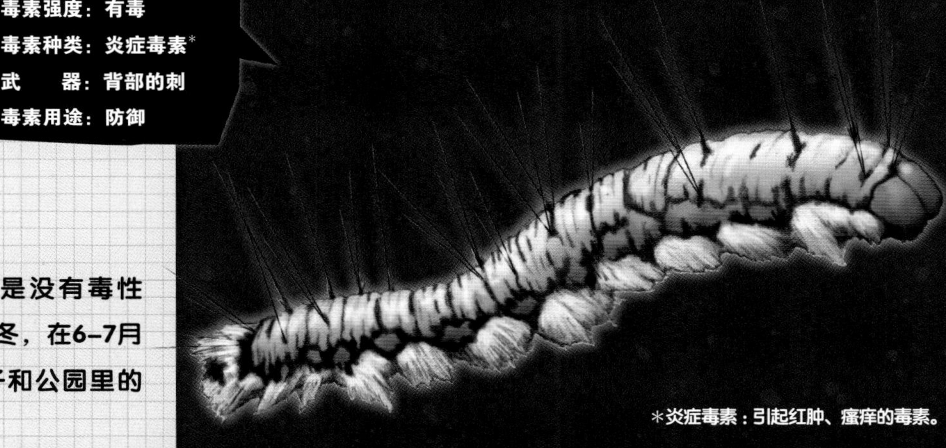

*炎症毒素：引起红肿、瘙痒的毒素。

茶树折带黄毒蛾

分类：鳞翅目毒蛾科

分布：中国、日本等地

体长：1.4~3cm

成虫的腹部底端带有约0.1mm长的毒针。这根毒针刺入人的皮肤会使皮肤出现瘙痒症状。除了触碰以外，也有风将毒针吹到人身上的情况，也会对人造成伤害。如果被刺中了，不要挠或者摩擦，要用干净的水进行冲洗。如果情况严重，要及时就医。

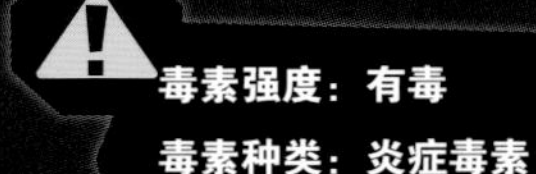

毒素强度：有毒

毒素种类：炎症毒素

武　　器：腹部尖端的毒针

毒素用途：防御

有毒的蜘蛛

悉尼漏斗网蜘蛛

毒素强度：剧毒

毒素种类：神经毒素

武　　器：尖牙

毒素用途：捕食、防御

分类： 蜘蛛目六疣蛛总科

分布： 澳大利亚东南部等地

体长： 6~8cm

喜欢凉爽湿润的地方，比如石头和木头下面的泥土中，会挖掘洞穴并在洞穴的附近织网来捕食猎物。还会攻击独角仙等甲虫，以及蟑螂、小型的蜥蜴、蜗牛，有时也会攻击小鸟和老鼠。进攻时会用尖牙咬住对方，将毒素注入对方体内，然后再吃掉对方。它的毒液对灵长类动物尤其有效。

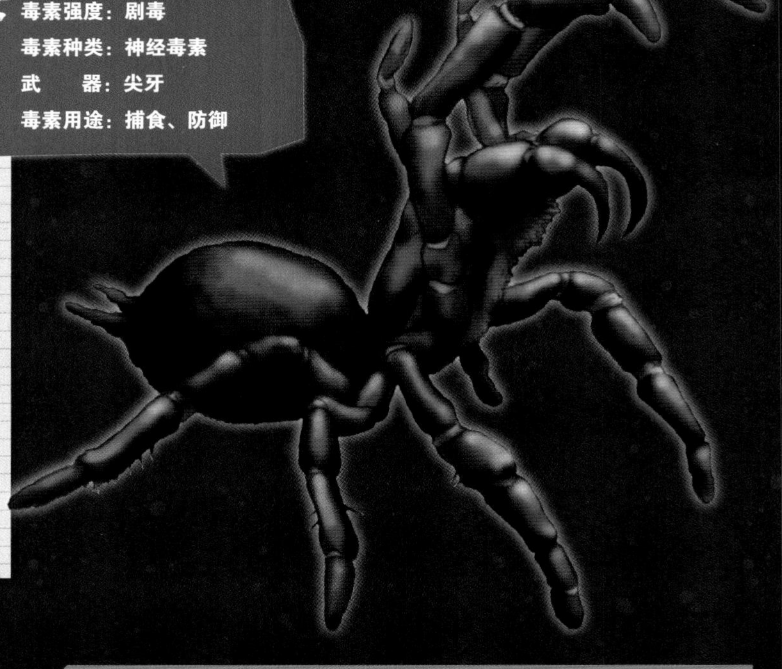

毒素强度：剧毒

毒素种类：神经毒素

武　　器：尖牙

毒素用途：捕食、防御

日本红螯蛛

分类： 蜘蛛目红螯蛛科

分布： 中国、朝鲜半岛、日本

体长： 1.0~1.2cm

在原野和空地以及庭院里生活。会将狗尾草等的叶子卷起来筑巢。在9月左右雌性会在巢中产下100个左右的卵，会守着卵度过10天左右。从卵中孵化出来的小蜘蛛会将蜘蛛妈妈的身体吃掉然后长大。人类被它咬了的话，有时会发烧好几天。但是由于能够进入人体的毒素量很少，所以很少有致死的案例。

间斑寇蛛

分类：蜘蛛目球蛛科

分布：欧洲南部、中亚

体长：0.4~1.5cm

生活在树林、草丛和田地等地方的石头下面。有时人们也会在住宅的墙壁中发现它们的身影。为了捕捉猎物而织网，一般以捕食昆虫等小型生物为食。秋天人们在田间收获作物的时候，有时会被它叮咬。

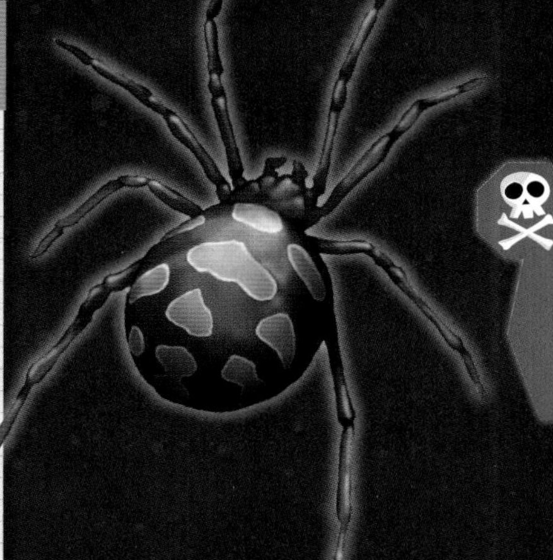

毒素强度：剧毒
毒素种类：神经毒素
武　　器：尖牙
毒素用途：捕食、防御

毒素强度：剧毒
毒素种类：神经毒素
武　　器：尖牙
毒素用途：捕食、防御

棕黑寡妇蜘蛛

分类：蜘蛛目球蛛科

分布：澳大利亚、中美洲、南美洲、日本

体长：0.4~1.0cm

原本生活在澳大利亚和南美洲等地区。随着货运运输进入亚洲。在建筑物的缝隙中、花盆的托盘以及空调的室外机中都曾有发现。雌蛛的寿命大约为3年，而雄蛛的寿命则为半年到一年。

赤背寡妇蛛

分类：蜘蛛目球蛛科

分布：澳大利亚、印度、东南亚、中国台湾、日本

体长：0.4~1.0cm

一般出现在道路旁的排水沟中以及建筑物的天花板中。织网，当猎物靠近后，用带有黏性的蛛丝将其捆住，再将蛛丝拉回来，然后将猎物吃掉。在澳大利亚有过人中了赤背寡妇蛛的毒而死亡的案例。

毒素强度：剧毒
毒素种类：神经毒素
武　　器：尖牙
毒素用途：捕食、防御

有毒的蝎子

针

毒素强度：有毒
毒素种类：神经毒素
武　　器：尾部尖端的毒针
毒素用途：捕食、防御

澳洲沙漠蝎

分类： 蝎目毛蝎科

分布： 澳大利亚南部和西部（沙地等）

体长： 约10cm

会在干燥的沙地中挖出深深的洞穴，住在里面。夜行性动物，夜幕降临后会在地面上爬来爬去，捕食昆虫和小型蜥蜴。会用钳子将猎物按住，然后用尾巴上的毒针将毒素注入猎物体内，待猎物无力抵抗后再进行捕食。

毒素强度：剧毒
毒素种类：神经毒素
武　　器：尾部尖端的毒针
毒素用途：捕食、防御

巴西金幽灵

分类： 蝎目钳蝎科

分布： 南美洲，如巴西东南部等

体长： 约7cm

大多生活在灌木丛生的土地中。栖息在堆积的木材和树木中间。夜行性动物，在夜间捕食蟑螂和蟋蟀。一只雌性蝎一生可以产下大约70只后代。尾部尖端的针带有毒素，人一旦被刺中，会感到剧烈的疼痛并产生想要呕吐的感觉。有可能进入室内，潜藏在桌子的抽屉中、衣服的口袋里和地毯的下面，因此当地人都很注意。

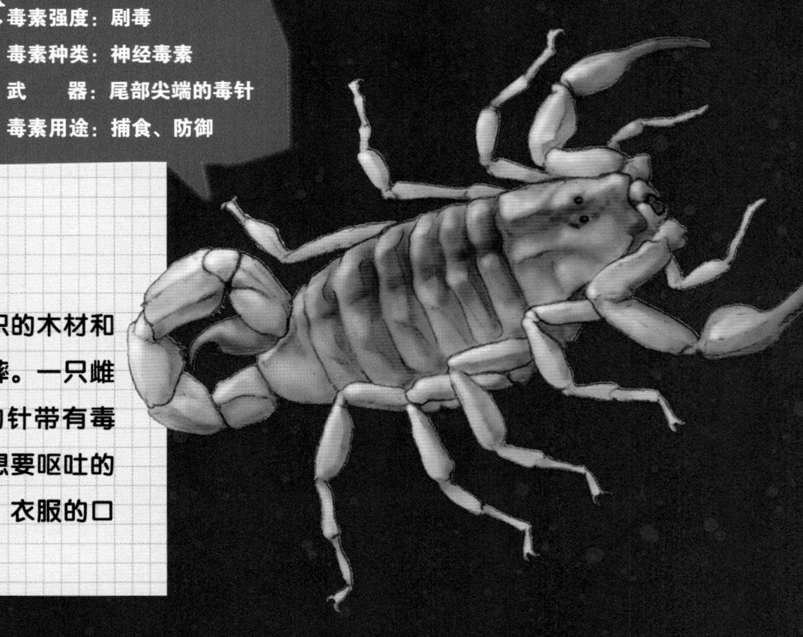

毒素强度：剧毒
毒素种类：神经毒素
武　　器：尾部尖端的毒针
毒素用途：捕食、防御

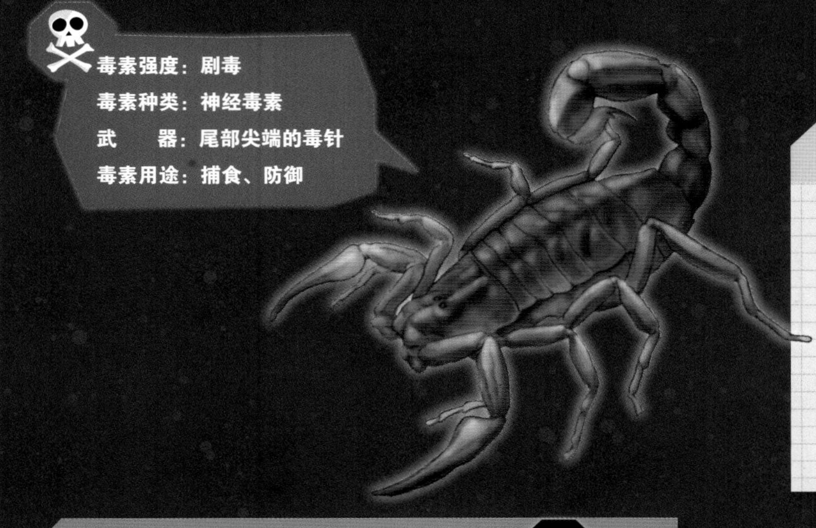

巴西黑蝎

分类： 蝎目钳蝎科

分布： 南美洲

体长： 约5~7cm

栖息在巴西南部灌木丛生的荒地中。白天潜藏在岩石和木材等的缝隙中，夜晚再出来活动。捕食蟑螂、蟋蟀和独角仙的幼虫以及蜘蛛等。

斑等蝎

分类： 蝎目钳蝎科

分布： 世界各地

体长： 6~8cm

在世界各地的温暖地区都有分布。在倒伏的干枯树木下、树皮里面、岩石下以及家里的地板下等处都有发现。在入夜之后捕食昆虫、蜘蛛和小老鼠等动物。在日本八重山诸岛，也有进入建筑物的事件发生。毒素的毒性比较微弱，但是也要注意避免被它的毒针刺中。

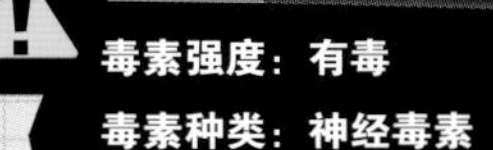

毒素强度：有毒
毒素种类：神经毒素
武　　器：尾部尖端的毒针
毒素用途：捕食、防御

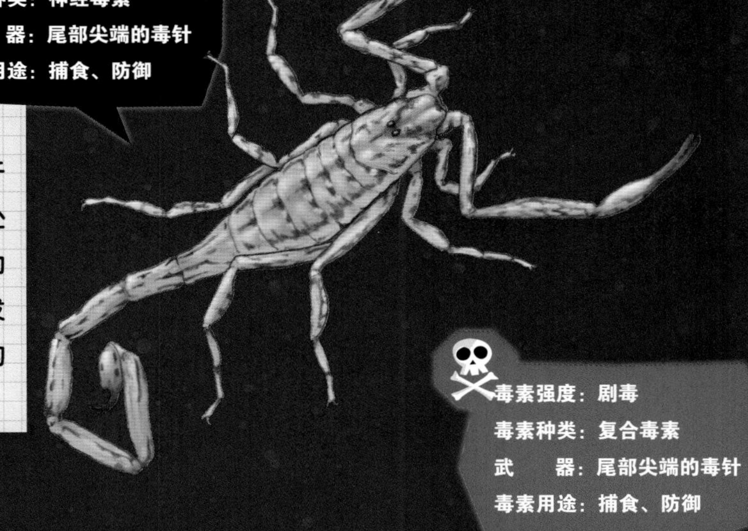

毒素强度：剧毒
毒素种类：复合毒素
武　　器：尾部尖端的毒针
毒素用途：捕食、防御

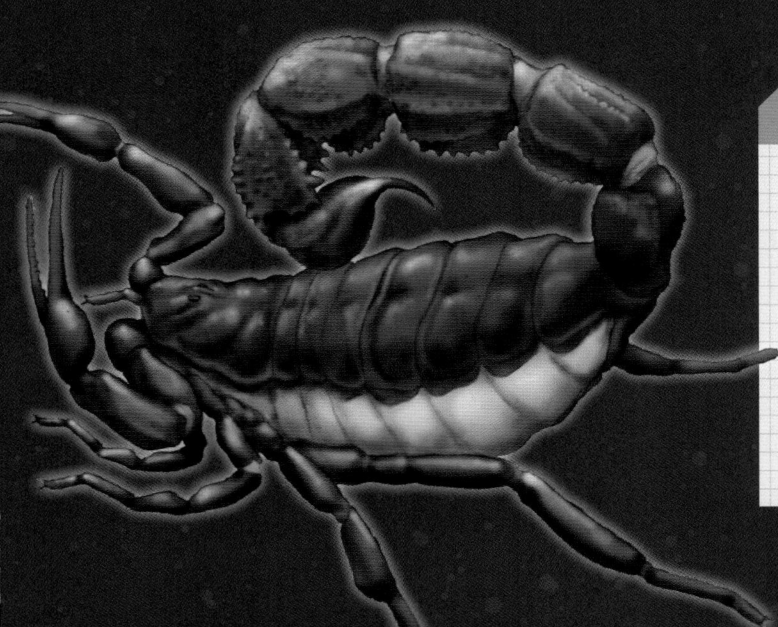

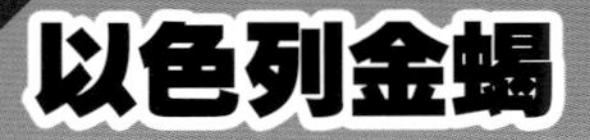

以色列金蝎

分类： 蝎目钳蝎科

分布： 非洲北部、沙特阿拉伯、巴勒斯坦（沙漠）

体长： 9~13cm

主要分布在沙特阿拉伯和撒哈拉沙漠中。白天躲在岩石下面。夜晚出来活动，捕食昆虫、蜥蜴和小型动物。毒素毒性很强，被刺中的动物会立即丧失行动能力。

有毒的蜈蚣

糙尾耳孔蚣

分类： 蜈蚣目蜈蚣科

分布： 南美洲（亚马孙河流域）

体长： 20~30cm

白天在岩石、倒伏的树木下面和落叶下等阴暗的地方藏身。等到夜幕降临便开始捕食蜥蜴、蛇和野鼠等动物。有时会因为追捕猎物而进入人类家中。在南美洲，也有在人入睡时咬人的事情发生。

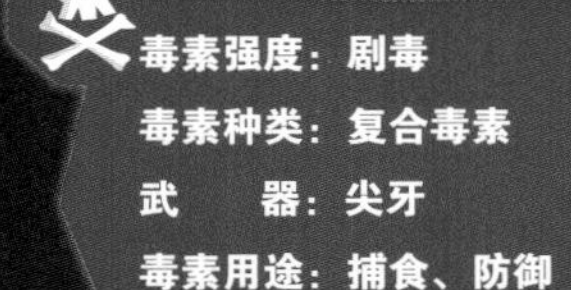

毒素强度：有毒

毒素种类：复合毒素

武　　器：尖牙

毒素用途：捕食、防御

赤蜈蚣

分类： 蜈蚣目蜈蚣科

分布： 世界各地

体长： 15~25cm

夜行性动物，一般在森林的潮湿处活动，捕食昆虫、小型蜥蜴和青蛙等动物。也会吃掉刚死不久的动物。白天藏身于落叶中或石头下面等地方。

少棘蜈蚣

毒素强度：剧毒
毒素种类：复合毒素
武　　器：尖牙
毒素用途：捕食、防御

分类： 蜈蚣目蜈蚣科

分布： 澳大利亚、东亚

体长： 15~25cm

生活在森林、树林潮湿的落叶之中。在地面上活动，以蟑螂、蟋蟀和蝗虫以及老鼠、青蛙等动物为食。有时会因为追捕蟑螂等昆虫而进入人类家中。

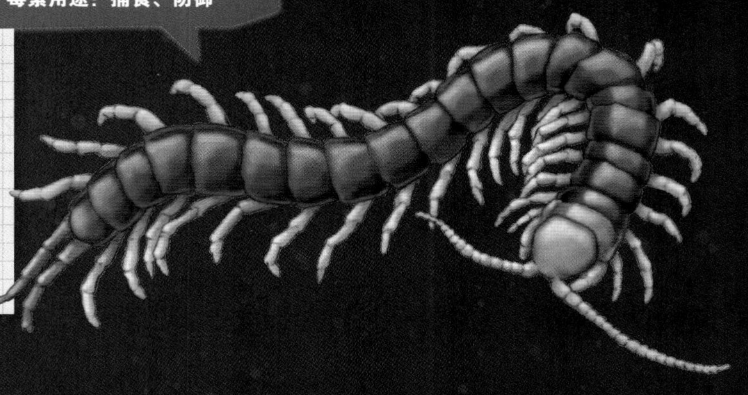

毒素强度：有毒
毒素种类：复合毒素
武　　器：尖牙
毒素用途：捕食、防御

多棘蜈蚣

分类： 蜈蚣目蜈蚣科

分布： 东南亚、东亚

体长： 4~7cm

生活在森林等地方。白天在倒伏的树木、石头、花盆下以及落叶中间休息，夜间活动，捕食小型动物。有时会追在蟑螂和蟋蟀等昆虫的后面进入人类家中。但目前没有长时间留在人类家中的案例。

毒素强度：有毒
毒素种类：复合毒素
武　　器：尖牙
毒素用途：捕食、防御

以倭蚣

分类： 蜈蚣目蜈蚣科

分布： 东南亚、东亚

体长： 8~10cm

生活在森林和树林中，在地面上活动，捕食小型动物。夏季会在落叶下以及洞穴等潮湿的地方产卵。在郊外有进入建筑物的案例。

有毒的植物和蘑菇

白花除虫菊

分类：菊目菊科

分布：欧洲的东南部、中亚

株高：50~60cm

它的子房*中含有叫作除虫菊素的物质，这种物质对昆虫有毒性。会作用到昆虫的神经系统，麻痹昆虫的身体。这种毒素对哺乳类动物和鸟类基本不产生作用。因此人们利用这种特性，将这种花晒干，作为杀虫剂的原料。

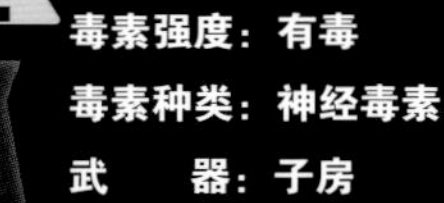

毒素强度：有毒
毒素种类：神经毒素
武　　器：子房
毒素用途：防御

*子房：被子植物的雌蕊下面，膨大的部分。最后会发育为果实。

白花曼陀罗

分类：茄目茄科

分布：南亚等地

株高：约60cm

在中国海南、台湾、福建、广东、广西、云南、贵州等省区常为野生，江苏、浙江省栽培较多，江南其他省和北方许多城市有栽培。曼陀罗的花、叶、果实、种子均能使人中毒，如果误食会产生眩晕和意识模糊等症状。

毒素强度：剧毒
毒素种类：神经毒素
武　　器：全株
毒素用途：防御

毒素强度：剧毒
毒素种类：神经毒素
武　　器：全株
毒素用途：防御

水仙

分类：百合目石蒜科

分布：地中海沿岸、欧洲中部、非洲北部等地

株高：20~30cm

一般在冬季至春季开花。叶子的形状和颜色很像韭菜和山蒜，球茎很像圆葱。人误食的话，会出现呕吐、腹泻以及头痛等症状。

致命白毒伞

分类：伞菌目鹅膏科

分布：北半球一带

株高：5~15cm

主要出现在初夏至秋季。有剧毒，如果人吃掉一个这种蘑菇，就会呕吐、腹泻直至死亡。误食这种蘑菇一定要及时就医。

毒素强度：剧毒
毒素种类：神经毒素
武　　器：全株
毒素用途：防御

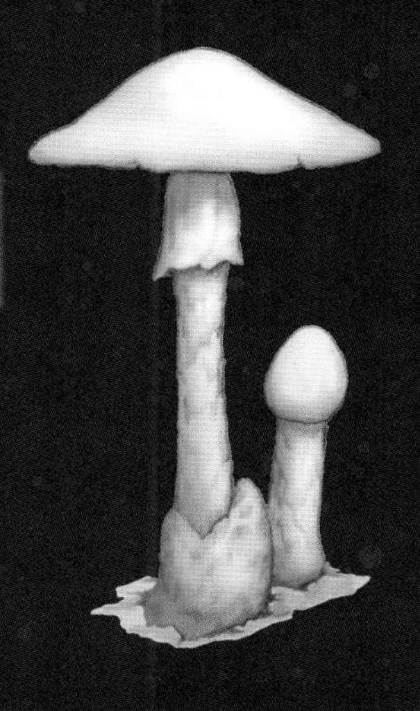

毒素强度：剧毒
毒素种类：不明
武　　器：全株
毒素用途：防御

大青褶伞

分类：伞菌目伞菌科

分布：世界各地

株高：7~30cm

夏季至秋季，在公园的草丛、学校的操场以及农作物大棚里的土地上都会长出这种菌类。有伞状也有棒球状，生长时间越长，外形就越平。人误食后会出现呕吐和腹泻等症状。

有毒的细菌

有些细菌可以致病，这类细菌叫作病原菌。病原菌进入人体后会引发疾病，甚至导致死亡。

肉毒杆菌

分　　类： 梭菌目梭菌科

分　　布： 世界各地

细胞大小： 约5μm（微米）

一般存在于泥土、海洋、湖泊和河底的淤泥以及沙砾中。这种细菌在密封瓶和罐头这类无氧的环境下会产生毒素。这种毒素可以说是自然界中毒性最强的。人类食用带有这种毒素的食品后会引起食物中毒，导致视物不清，甚至无法呼吸而死亡。肉毒杆菌产生的毒素可以通过皮肤上的伤口进入体内（创口感染）。

毒素强度： 剧毒
毒素种类： 神经毒素
武　　器： 病原菌
毒素用途： 不明

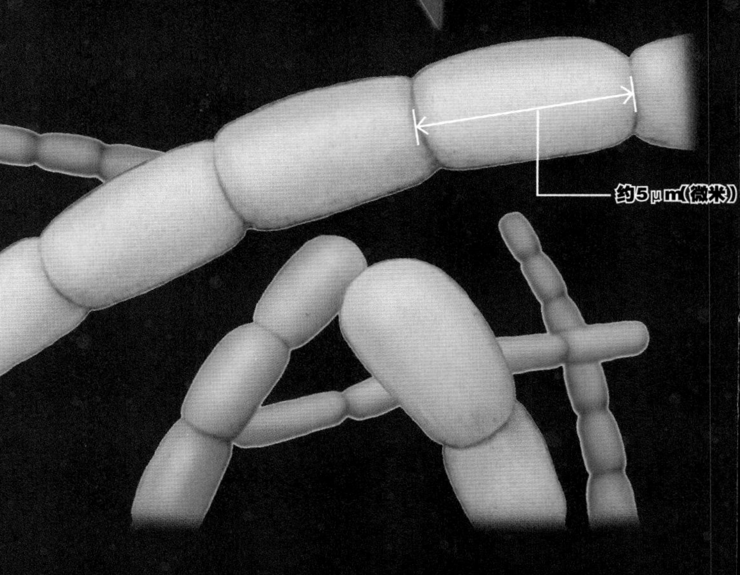

毒素强度： 剧毒
毒素种类： 神经毒素
武　　器： 病原菌
毒素用途： 不明

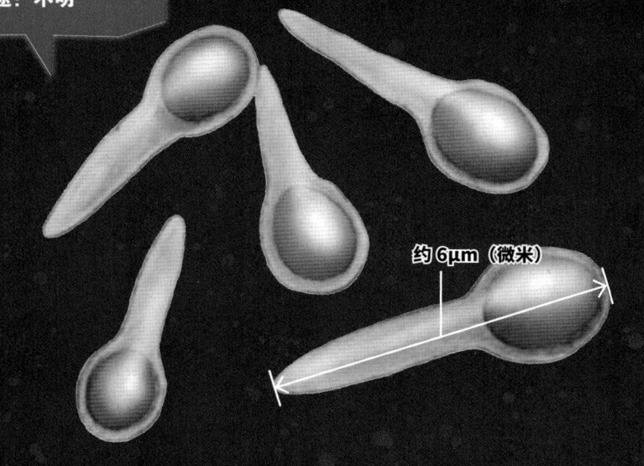

破伤风梭菌

分　　类： 梭菌目梭菌科

分　　布： 世界各地

细胞大小： 3~6μm（微米）

主要存在于泥土中。破伤风梭菌制造出来的毒素主要通过接触感染*、空气感染*和创口感染进入人体。毒素作用于人体的神经系统，导致人无法说话、不能行走等，最后人会全身僵硬，窒息死亡。

*接触感染：通过人类的唾液、血液和精液等体液以及人类互相接触碰过的东西传染。
*空气感染：通过空气传播的感染。

创伤弧菌

分　　类： 弧菌目弧菌科

分　　布： 世界各地

细胞大小： 约3μm（微米）

存在于温暖的海水和海底的淤泥中，以及海鱼、贝类的体内。人食用感染了这种病菌的鱼类、贝类，会引起腹泻、腹痛。如果脚上有伤口时光脚走在海岸的礁石上，毒素就会通过伤口进入体内，引起肌肉腐烂。所以为了安全起见，在礁石上行走时应当穿上厚底的鞋子。

毒素强度：剧毒
毒素种类：细胞毒素
武　　器：病原菌
毒素用途：不明

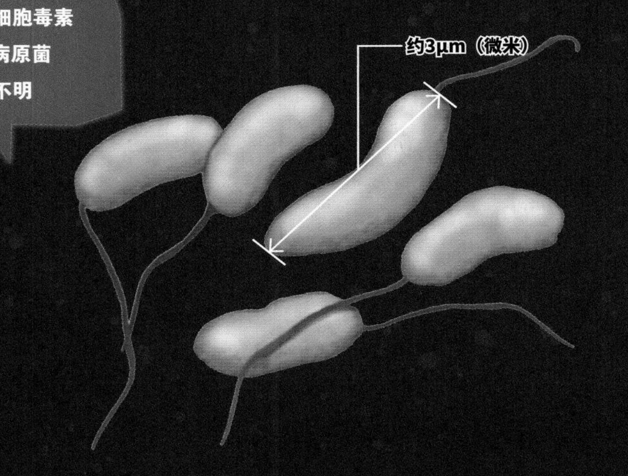

致病性大肠埃希菌

分　　类： 肠杆菌目肠杆菌科

分　　布： 世界各地

细胞大小： 2~4μm（微米）

存在于泥土、水、空气和人类的大肠中等。致病性大肠埃希菌中有一种可以制造出Vero毒素的有毒物质，这种物质被称为肠出血性大肠埃希菌。人类食用了被Vero毒素污染的食品后，会产生腹泻、腹痛，甚至会死亡。

约4μm（微米）

毒素强度：剧毒
毒素种类：细胞毒素
武　　器：病原菌
毒素用途：不明

金黄色葡萄球菌

分　　类： 芽孢杆菌目细球菌科

分　　布： 世界各地

细胞大小： 约1μm（微米）

是一种常见的食源性致病菌，广泛存在于自然界中。如果人吃了带有这种细菌的食品，会发生呕吐和腹泻等反应。所以在吃东西前，要用肥皂和自来水将手洗干净，以预防细菌感染。

毒素强度：剧毒
毒素种类：神经毒素
武　　器：病原菌等
毒素用途：不明

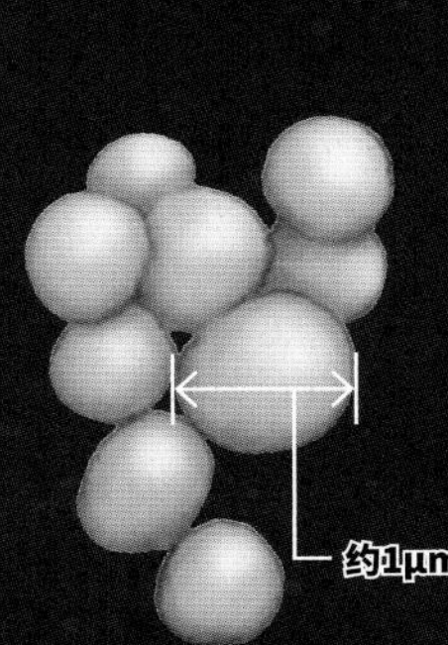

特约审校：张春丽

気をつけろ！猛毒生物大図鑑③家やまちにひそむ　猛毒生物のなぞ
By 今泉忠明

"MOUDOKU SEIBUTSU DAIZUKAN"

Original Japanese edition published by Minervashobou Co.,Ltd.

著作权合同登记号：第06-2017-131号。

图书在版编目（CIP）数据

我们身边的有毒动物 / (日) 今泉忠明著；王丹译. —沈阳：辽宁科学技术出版社，2023.4
（奇趣动物小百科）

ISBN 978-7-5591-2734-1

Ⅰ.①我… Ⅱ.①今… ②王… Ⅲ.①有毒动物－儿童读物 Ⅳ.①Q95-49

中国版本图书馆CIP数据核字(2022)第162961号

出版发行：辽宁科学技术出版社
（地址：沈阳市和平区十一纬路25号　邮编：110003）
印 刷 者：深圳市福圣印刷有限公司
经 销 者：各地新华书店
幅面尺寸：210mm × 260mm
印　　张：2.75
字　　数：80千字
出版时间：2023 年 4 月第 1 版
印刷时间：2023 年 4 月第 1 次印刷
责任编辑：姜　璐　马　航
封面设计：许琳娜
版式设计：许琳娜
责任校对：闻　洋

书　　号：ISBN 978-7-5591-2734-1
定　　价：45.00 元

投稿热线：024-23284365　1187962917@qq.com
邮购热线：024-23284502
E-mail：1187962917@qq.com

更多动物知识

尽在动画科普课堂

微信扫码观看

有毒动物图鉴

知识图鉴
展现令人惊叹的百科世界

动画科普课堂

趣味动画
探索动物的神奇秘密

意外伤害处理

图文解读
亲近动物受伤紧急处理

纪录片推荐

思维拓展
人类和有毒动物如何相处

找到了！（第1章的答案）

第1章都介绍了什么样的有毒动物呢？有些动物隐藏在所处的环境中，很难发现它们的存在吧？一起去对应着看看关于它们的详细介绍吧！

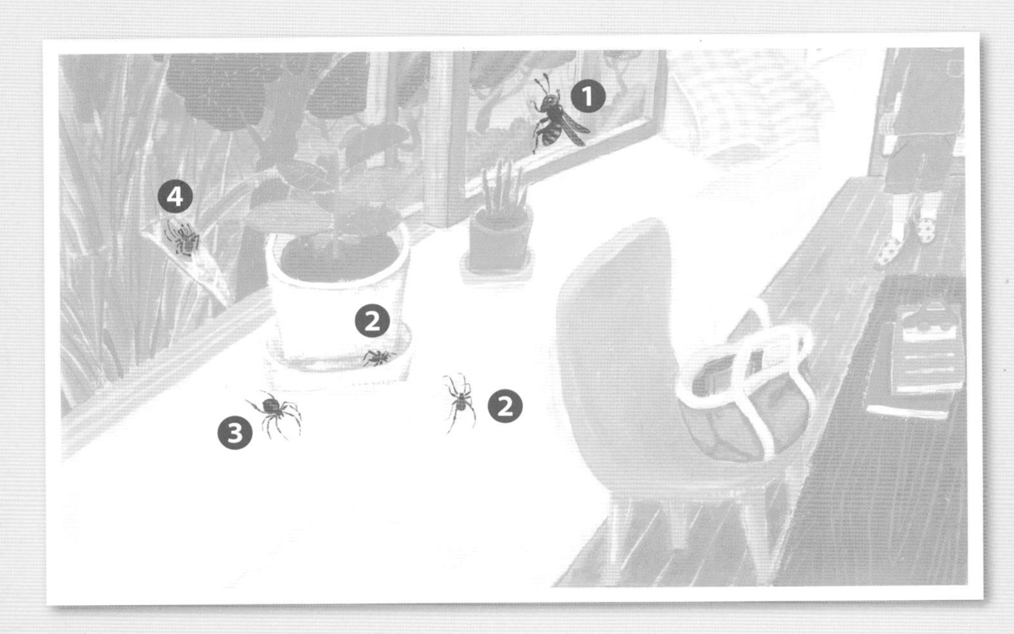

潜藏在住宅周围的有毒动物
p.6—7

❶金环胡蜂（→ p.26）
❷棕黑寡妇蜘蛛（→ p.29）
❸赤背寡妇蛛（→ p.29）
❹日本红螯蛛（→ p.28）

潜藏在住宅周围的有毒动物
p.8—9

❶澳大利亚东部棕蛇（→ p.15）
❷澳洲沙漠蝎（→ p.30）
❸悉尼漏斗网蜘蛛（→ p.28）